AF472832

INSTRUCTION

THÉORIQUE ET PRATIQUE

SUR LA FABRICATION

DES EAUX-DE-VIE DE GRAINS

ET

DE POMMES DE TERRE.

DE L'IMPRIMERIE DE MADAME HUZARD
(née VALLAT LA CHAPELLE).

INSTRUCTION

THÉORIQUE ET PRATIQUE

SUR LA FABRICATION

DES EAUX-DE-VIE DE GRAINS

ET

DE POMMES DE TERRE;

Par C. J. A. MATHIEU DE DOMBASLE.

A PARIS,

CHEZ MADAME HUZARD,

LIBRAIRE,

RUE DE L'ÉPERON SAINT-ANDRÉ-DES-ARTS, N°. 7.

1820.

AVERTISSEMENT DE L'AUTEUR.

CETTE Instruction a été écrite, il y a déjà plusieurs années, pour quelques personnes du département que j'habite, qui désiraient se livrer à une branche d'industrie qui a enrichi plusieurs cantons qui nous avoisinent. Je me décide aujourd'hui à la publier, d'après d'assez nombreuses demandes qui me sont faites, de renseignemens sur cette fabrication.

Les procédés que je décris sont ceux qui sont en usage depuis fort long-temps dans plusieurs parties de l'Allemagne, et dans un petit nombre de cantons des départemens du nord-est de la France. Je les ai pratiqués et étudiés d'une manière particulière; j'ai trouvé qu'en général, dans les pays où ils sont en usage depuis long-temps, ils ont été portés *empiriquement* à un assez haut degré de perfection; je n'y ai donc presque rien changé; j'ai seulement cherché à en éclairer la marche en la rendant plus assurée, et en posant des principes qui, dans tous les arts industriels, peuvent seuls remplacer le long apprentissage qu'exigent les procédés qui ne sont fondés que sur la routine.

Au reste, j'ai évité, dans cette Instruction, toutes les considérations qui ne sont que spéculatives. Les questions scientifiques qui se présentaient naturellement n'y sont pas même abordées; et j'ai borné la théorie à ce qui est absolument indispensable pour servir de guide dans la pratique.

Depuis quelques années, on a créé et on pratique en grand à Paris, pour la distillation des pommes de terre, des procédés entièrement différens : on convertit en matière sucrée, au moyen de l'acide sulfurique, la fécule contenue dans la pomme de terre, et on soumet ensuite à la fermentation vineuse le sirop qui en résulte. Je n'ai jamais pratiqué ce nouveau procédé qu'en petit et pour essai; cela n'est pas suffisant pour que je hasarde un jugement comparatif que je puisse présenter avec quelque confiance; cependant je vais dire ce que j'en pense, laissant aux personnes qui connaissent les résultats du nouveau procédé avec autant d'exactitude que je connais ceux de l'ancien, à porter un jugement définitif, d'après les détails dans lesquels j'entrerai dans le cours de cette Instruction.

Le nouveau procédé produit incontestablement de l'eau-de-vie de meilleure qualité. C'est là, je crois, son seul avantage; car il est beaucoup plus long, plus compliqué et plus dispendieux. Les résidus, nécessairement saturés de sulfate de chaux, et probablement mêlés à une partie du carbonate de chaux employé pour la saturation, doivent être peu propres à la nourriture du bétail. Cette dernière considération suffirait seule pour faire proscrire ce procédé des distilleries jointes à une exploitation rurale, où la nourriture du bétail est véritablement le but principal de cette opération. A l'égard de la quantité d'eau-de-vie qu'on peut obtenir de la pomme de terre par l'un ou l'autre de ces procédés, je crois que l'avantage est pour l'ancien.

Je sais bien que quelques savans, partant du principe que la matière sucrée seule peut éprouver la fermentation vineuse, croient difficilement aux résultats des opérations où on soumet immédiatement à la fermentation la matière des céréales ou des pommes de terre; on a même émis l'opinion que, dans ce cas, on ne doit convertir en alcool que la très-petite quantité de sucre qui se rencontre dans ces substances. Mais la connaissance la plus superficielle des résultats qu'on obtient constamment dans les pays où on fabrique depuis long-temps de l'eau-de-vie de grains ou de pommes de terre, suffit pour détruire cette erreur.

Je ne sais pas, au reste, si, dans la position particulière des personnes qui s'occupent à Paris de la distillation des pommes de terre, il n'existe pas quelque circonstance qui motive leur préférence pour les nouveaux procédés; mais je crois que, si on considère la distillation des grains et des pommes de terre comme *opération agricole*, ce qui est le but principal que j'ai eu en vue dans ce petit ouvrage, les anciens procédés méritent la préférence.

INSTRUCTION

THÉORIQUE ET PRATIQUE

SUR LA FABRICATION

DES EAUX-DE-VIE DE GRAINS

ET

DE POMMES DE TERRE.

INTRODUCTION.

La fabrication de l'eau-de-vie de grains et de pommes de terre doit être considérée comme un genre d'industrie nouveau en France. Un très-petit nombre de personnes seulement s'en sont occupées depuis quelques années dans quelques-uns des départemens du nord, mais la plupart avec des procédés et des appareils, tellement imparfaits que les produits en étaient ordinairement de très-mauvaise qualité, et entraînaient toujours une dépense excessive en main-d'œuvre et en combustible.

C'est en Angleterre, et sur-tout en Allemagne, qu'on peut voir quel degré d'extension peut prendre cette fabrication, quels bénéfices elle présente, et quel avantage il en résulte pour la prospérité générale. Dans plusieurs parties de l'Allemagne, et spécialement dans le Palatinat, non-seulement on trouve des fabriques très-considérables dans les villes, mais dans les campagnes il est peu de cultivateurs qui n'aient un ou plusieurs alambics, avec lesquels ils convertissent en eau-de-vie une partie de leurs récoltes. Dans ces pays, cet usage est considéré comme une des *colonnes de l'agriculture ;* et, en effet, il est facile de juger des avantages qu'elle en retire. Il n'y a aucun cultivateur qui ne sache qu'en bonne agriculture, on doit toujours faire consommer dans la ferme, par des bestiaux, une partie des récoltes; de cette manière on retire la valeur des denrées consommées, en produits animaux, c'est-à-dire en viande grasse, lait, beurre, laine, etc., et on s'assure de plus une quantité d'engrais considérable pour améliorer les terres; mais il n'est pas de manière plus avantageuse de faire consommer aux bestiaux les graines ou les pommes de terre qu'on leur destine, qu'en les soumettant d'abord à la distillation. Ces denrées profitent alors au cultivateur de trois manières : d'abord il retire en eau-de-vie le prix de la denrée qu'il a employée, avec un bénéfice de fabrication; il retire ensuite le produit des bestiaux qu'il a nourris avec les résidus, et l'expérience apprend que les grains ou les pommes de terre qui ont fourni de l'eau-de-vie, nourrissent presque autant de bestiaux que si on les leur eût donnés avant cette opération; enfin le cultivateur produit une masse d'engrais, qui, en augmentant pour l'année suivante la récolte des grains qu'il destine à la vente, augmente également le bénéfice de la distillation, et laisse ses terres dans un état d'amélioration toujours croissant. Ces vérités sont tellement connues dans les pays où la distillation se trouve entre les mains des cultivateurs, que ceux-ci croiraient qu'y renoncer, ce serait renoncer à l'agriculture, et que, même dans les années de disette, les Gouvernemens se gardent bien de prohiber la distillation des grains, de peur de tarir la source de la reproduction pour les années suivantes, d'autant plus que les grains qu'on distille ne sont pas perdus pour la nourriture des hommes, puisqu'on les retrouve en alimens d'un autre genre, comme viande, lait, beurre, fromage.

Cette branche d'industrie a été introduite, il y a une vingtaine d'années, dans quelques cantons des départemens de la Meurthe et de la Moselle, qui faisaient partie de l'ancienne *Lorraine Allemande*; ce sont des *Anabaptistes* qui s'y sont livrés les premiers. On peut voir là un exemple frappant de l'influence presque magique qu'elle peut exercer sur l'agriculture, et sur la prospérité générale d'un canton : le nombre des bestiaux y a triplé depuis cette époque; la valeur des terres a suivi la même progression; l'abondance des engrais, l'augmentation des récoltes de céréales, l'emploi des jachères à la production des pommes de terre et du trèfle, l'aisance générale, ont partout suivi de près l'établissement des alambics.

Les fabricans des villes sont ordinairement forcés de renoncer à beaucoup des avantages que les cultivateurs retirent de leur distillation; mais ils sont compensés pour eux par d'autres avantages très-importans : fabriquant ordinairement une beaucoup plus grande quantité de matières, parce qu'ils ne sont pas limités par la consommation de leurs bestiaux, et qu'ils vendent leurs résidus aux engraisseurs ou propriétaires de troupeaux, ils peuvent faire usage de meilleurs procédés et d'appareils plus perfectionnés. Dans une distillerie où on fabrique pendant toute l'année une grande quantité d'eau-de-vie, on a ordinairement des ouvriers habiles; ou bien ceux-ci, employés toujours au même travail, se forment promptement et parviennent à tirer constamment un produit plus abondant de la même quantité de matières, que le cultivateur qui ne peut pas s'y adonner exclusivement, et qui, s'il y emploie des étrangers, ne peut guère se servir que de ses domestiques ordinaires, qui donnent à l'alambic leurs momens perdus.

Un cultivateur ne peut pas, la plupart du temps, faire la dépense d'un appareil perfectionné, et souvent sa petite fabrication n'en paierait pas les frais, tandis que celui qui distille en grand a retrouvé dans peu de mois la dépense que lui a occasionnée l'acquisition d'un appareil qui économise la moitié de la main-d'œuvre et les trois-quarts de combustibles. D'ailleurs le fabricant qui est placé dans une ville, se trouvant au centre du commerce et à portée des demandes, vendra toujours probablement ses produits, à qualité égale, 10 ou 15 pour 100 plus cher que l'habitant d'une campagne éloignée. Tous ces avantages sont tellement importans, qu'il est possible que la balance penche encore en faveur de l'habitant des villes. Les distillateurs qui, par leur position, pourront réunir ces deux genres d'avantages, trouveront sans contredit, dans ce genre d'industrie, des bénéfices que peu d'autres peuvent leur présenter.

Mon intention n'est pas de donner dans ce petit ouvrage des *recettes* pour la fabrication des diverses espèces d'eau-de-vie. Celui qui travaille avec une *recette* pourra avoir un succès momentané; mais changez-le d'atelier, donnez-lui à traiter des matières premières d'une autre qualité, forcez-le à travailler avec l'eau d'un autre puits ou d'une autre fontaine, dans un local plus ou moins chaud que celui auquel il était habitué, et il se trouvera totalement dérouté, parce qu'il ne sera pas en état de juger quelle est la partie de son opération qui a péché; la plus légère circonstance qui variera dans ses opérations, apportera dans ses produits une diminution qui sera sans remède pour lui, parce qu'en reconnaissant le mal, il ne pourra en apercevoir la cause.

C'est pourquoi, en décrivant les diverses opérations dont se compose l'art du distillateur, j'exposerai les principes d'après lesquels chacune doit être dirigée, et je tacherai toujours, en établissant les règles de pratique, de les éclairer par la théorie, sans laquelle, pour me servir de l'expression d'un des plus savans manufacturiers de France, « on ne trouve dans les arts industriels qu'une alternative décourageante de succès et de revers. »

CHAPITRE Ier.

Matières propres à la fabrication de l'eau-de-vie.

FERMENTATION VINEUSE.

Un très-grand nombre de substances peuvent servir à la fabrication de l'eau-de-vie; mais mon intention n'est de parler ici que des pommes de terre et des graines céréales, c'est-à-dire du froment, du seigle, de l'orge et de l'avoine. Il est nécessaire de donner d'abord, au moins d'une manière superficielle, l'indication des parties constituantes qui forment ces substances, et des changemens qu'elles doivent éprouver pour les amener à l'état d'alcool ou d'esprit.

Les pommes de terre, indépendamment de l'eau qu'elles contiennent, sont principalement composées de *fécule* ou *amidon*, et d'une *matière fibreuse* qui paraît se rapprocher beaucoup de la fécule. La fécule est la partie qu'il importe le plus au distillateur de prendre en considération, parce que c'est elle qui se convertit en esprit; sa quantité varie beaucoup dans les diverses espèces de pommes de terre, selon la nature du terrain dans lequel elles ont crû, la température de l'année, etc. Les meilleures pommes de terre, c'est-à-dire celles qui contiennent le plus de fécule, et qui par conséquent deviennent les plus *farineuses* à la cuisson, fournissent aussi le plus d'eau-de-vie; elles contiennent 25 à 30 pour 100 de parties sèches, le reste n'est que de l'eau. Cette eau est encore bien plus abondante dans les pommes de terre de mauvaise qualité. Les 25 livres de matières sèches qui sont contenues dans un quintal de bonnes pommes de terre, se composent d'environ 15 à 16 livres de fécule; le reste est formé de *matière fibreuse*, de *mucilage* et d'un peu d'*albumine*.

Les graines céréales contiennent aussi de la fécule en quantité considérable, et c'est cette fécule qui se convertit en esprit dans les opérations de la distillation; mais elles contiennent de plus une substance qui mérite beaucoup d'attention, parce que, quoiqu'elle ne fournisse pas d'esprit par elle-même, elle joue cependant un rôle important dans les opérations du distillateur, comme je le dirai tout-à-l'heure; cette substance est le *gluten*. Si on prend un peu de pâte formée de la farine d'un des grains que j'ai mentionnés plus haut, et qu'on la pétrisse dans les mains, en faisant couler dessus continuellement un petit filet d'eau, cette eau s'en écoulera laiteuse, et, en continuant, il ne restera bientôt plus dans les mains qu'une masse grise très-élastique, d'une odeur particulière, qui ne peut plus se dissoudre ni se délayer dans l'eau; c'est le *gluten*. L'eau qui s'est écoulée a entraîné avec elle toute la *fécule*, qu'on peut en retirer en la laissant déposer et la lavant. Cette eau tient aussi en dissolution les autres parties constituantes de la farine; mais elles sont en très-petite quantité, et intéressent peu le distillateur. La farine est donc formée presque entièrement de *fécule*, qui en forme la plus grande partie, et de *gluten*. La quantité de ces deux substances varie beaucoup dans les diverses espèces de grains; le froment paraît être celui qui contient la proportion la plus abondante de fécule; mais, dans chaque espèce de grain, cette quantité varie aussi, selon le degré de maturité et beaucoup d'autres circonstances. Les grains les plus pesans sont ceux qui en contiennent le plus. Si on veut éviter de grandes variations dans la marche des opérations et dans la quantité des produits qu'on obtient, on doit toujours calculer la quantité de grain qu'on emploie dans chaque cuvier, au poids et non à la mesure.

On se trompera peu en calculant la quantité d'eau-de-vie à 18° qu'on doit obtenir de chaque espèce de grains, d'après les données suivantes :

100 kilogrammes	froment	rendent.	44 litres.
100	— seigle	idem...	42
100	— orge	idem...	40
100	— avoine	idem...	34

En rapportant ces diverses quantités aux anciennes mesures de Nancy, on trouvera que le resal (1) de froment mesuré ras, pesant 90 kilogrammes, rend en eau-de-vie...... 39 à 40 litr.

Seigle mesuré ras, pesant 80 kil., rend.................................. 33 à 34

Orge mesurée comble, pesant 110 kil., rend.............................. 44

Avoine mesurée comble, pesant 80 kil., rend.......................... 27 à 28

(1) Le *resal*, ancienne mesure de Nancy, se mesure *ras* pour le froment et le seigle, et contient 120 litres. Pour toutes les autres denrées, il se mesure *comble*, et contient 180 litres. La *mesure*, pour les liquides, contient 44 litres.

Les pommes de terre de bonne qualité rendent par resal, pesant ordinairement 135 kilogrammes, environ 22 litres, en supposant qu'on ait ajouté à chaque resal au moins 7 kilogrammes de malt.

La fermentation vineuse est l'opération par laquelle les matières sucrées, dissoutes dans l'eau, se convertissent en esprit. Le liquide qui en résulte s'appelle *vin;* ainsi j'appellerai de ce nom aussi bien le résultat de la fermentation des grains et pommes de terre, que celui qui est produit par la fermentation du jus de raisin. J'appellerai de même *moût,* comme pour le raisin, tout liquide sucré qui est destiné à subir la fermentation vineuse; mais, pour qu'elle s'y développe, il est nécessaire que le sucre soit accompagné d'une autre substance dont la chimie n'a pu encore déterminer parfaitement le caractère, mais dont les effets sont bien connus; c'est le *ferment* ou *levure.* Cette levure existe dans le jus du raisin; c'est pourquoi il fermente seul et sans addition; en filtrant dans un papier gris le moût du raisin, on peut facilement en séparer cette substance, qui peut servir à mettre en fermentation d'autres matières sucrées. Le ferment existe aussi dans le moût préparé avec les grains; mais il y est en trop petite quantité, et si on n'en ajoutait pas, la fermentation serait très-faible, très-lente, et la masse passerait promptement à l'acidité. Les parties essentielles de toute espèce de moût, sont donc l'eau, le sucre et le ferment. Les autres principes qu'on rencontre souvent dans les moûts, comme le tartre dans celui du raisin, etc., ne sont pas nécessaires à la fermentation vineuse, quoique souvent elles contribuent à la bonne qualité du vin.

Les parties essentielles de toute espèce de vin sont l'eau et l'esprit; la distillation est l'opération par laquelle on sépare ces deux substances.

J'ai dit que les matières sucrées seules sont susceptibles d'éprouver les fermentations vineuses; cependant les grains ni les pommes de terre ne contiennent cette matière sucrée, ou au moins elle y est en si petite quantité, que ce n'est pas sur elle qu'on doit compter pour la production de l'esprit; c'est la fécule qui se convertit en esprit, mais il faut auparavant qu'elle ait été elle-même transformée en matière sucrée, et c'est le gluten qui opère cette transformation. Cette découverte, encore récente, est due à M. *Kirchoff*, chimiste de Pétersbourg, et c'est elle qui nous a donné la clef de ce qui se passe dans la conversion des grains en esprit. Si on fait macérer dans de l'eau, dans de certaines proportions, de la fécule avec du gluten, à une température déterminée et toujours bien égale, la fécule se convertit en sucre, et le liquide forme un très-bon sirop; mais cette opération est longue, elle exige souvent plus de vingt-quatre heures; si la

2*

température a été un seul instant trop élevée, l'opération est manquée, et la fécule a perdu la propriété de se convertir en matière sucrée. Dans les grains qui ont éprouvé la germination pour être convertis en *malt,* par les procédés que j'indiquerai plus bas, le gluten a éprouvé une altération qui le rend bien plus propre à convertir la fécule en sucre. Si on fait digérer dans l'eau, à la température de 50° R., deux parties de fécule et trois parties de malt pulvérisé, la fécule sera entièrement convertie en sucre en moins de deux heures. On voit facilement maintenant sur quoi est fondée l'utilité de la conversion du grain en malt dans les opérations du brasseur et du distillateur; on voit aussi pourquoi les pommes de terre seules ne peuvent pas éprouver la fermentation vineuse, mais ont besoin de l'addition d'une certaine quantité de grains, ou mieux encore de malt: en effet, comme elles ne contiennent pas de gluten, il est nécessaire d'y ajouter une substance qui le contienne, pour que leur fécule puisse se transformer en sucre; sans quoi elle ne pourrait pas subir la fermentation vineuse.

Il arrive fréquemment, dans la fermentation des grains et des pommes de terre, telle que la font ordinairement les distillateurs, que la fécule n'est pas entièrement convertie en sucre avant le commencement de la fermentation vineuse; alors ces deux opérations marchent ensemble, de manière qu'il est fort difficile de les distinguer; c'est-à-dire que, pendant que la matière sucrée qui est déjà formée éprouve la fermentation qui la convertit en esprit, le gluten du grain continue à convertir une nouvelle partie de la fécule en sucre, qui, à son tour, se décompose par la fermentation vineuse.

Le gluten altéré qui se trouve dans le malt, peut convertir en sucre une plus grande quantité de fécule que celle qui est contenue dans le malt lui-même; c'est pourquoi il n'est pas nécessaire de convertir en malt la totalité du grain qu'on veut soumettre à la fermentation. Les proportions dans lesquelles on peut employer le grain brut avec le malt, varient beaucoup selon l'opinion des distillateurs; dans beaucoup d'excellentes distilleries, en Allemagne, on convertit en malt la totalité des grains, soit froment, seigle, orge et avoine, qu'on destine à la fabrication de l'eau-de-vie, et on prétend y trouver de l'avantage. Cependant, beaucoup d'autres distillateurs du même pays emploient, de préférence, les uns un tiers, les autres un quart, d'autres seulement un dixième de malt, et le reste en grains bruts. Les distillateurs anglais ne convertissent aussi en malt qu'une partie de leurs grains, ordinairement du quart au cinquième; c'est cette dernière proportion qui me paraît la plus convenable. Avec les pommes de terre, il est bien suffisant d'employer le vingtième du poids des pommes de terre en malt; mais je conseillerai toujours aux distillateurs de doubler, et même de tripler cette quantité, parce que le sucre se formant avec plus de facilité, la fermentation marche plus régulièrement, et est moins sujette aux accidens. D'ailleurs, ce qu'on ajoute de malt de plus qu'il n'est nécessaire, est loin d'être perdu; il fournit lui-même abondamment de l'eau-de-vie, qu'on obtient sans frais de fabrication, puisqu'il n'en coûte pas sensiblement plus pour distiller un vin fort qu'un vin faible.

Pour que les grains et le malt qu'on destine à la fermentation puissent être pénétrés par l'eau qui doit en extraire le sucre qui s'y forme, il est nécessaire de les réduire en farine; mais cette farine ne doit pas être fine comme celle qu'on destine à la fabrication du pain, ce qui formerait une pâte trop liée. Il suffit que les grains soient égrugés ou grossièrement concassés; mais il est nécessaire qu'aucun n'ait échappé à la meule, ce serait autant de perdu pour la fermentation. La farine, à mesure qu'elle a été moulue, doit être étendue très-mince dans un grenier, pour lui faire perdre la chaleur qu'elle a contractée par le frottement des meules. En été, il arrive souvent que si on la laisse séjourner une seule nuit dans les sacs, elle s'y échauffe, et devient impropre à subir une bonne fermentation vineuse.

CHAPITRE II.

Fermentation acide, propreté, célérité dans les opérations.

Toute liqueur vineuse, exposée à l'air à une douce température, passe plus ou moins promptement à la fermentation acide ou acéteuse, c'est-à-dire qu'elle se convertit en vinaigre. L'acide s'y forme aux dépens de l'esprit, de sorte que si on distille un vin qui a passé complétement à la fermentation acide, on n'en retirera plus aucune liqueur spiritueuse. Le vin de raisin contient une substance astringente qu'il a extraite principalement des pepins et des grappes, et qui contribue puissamment à le préserver de la fermentation acide, de sorte que, lorsqu'il a éprouvé la fermentation vineuse, il peut se conserver pendant long-temps dans un lieu frais, et qu'exposé même aux circonstances les plus favorables à la fermentation acide, il ne se convertit en vinaigre qu'au bout de plusieurs semaines. Le houblon produit un effet semblable dans la bière qui n'est qu'un vin de grains. Mais dans les vins qu'on prépare pour la distillation avec les grains et les pommes de terre, non-seulement il ne se trouve aucune substance qui puisse les conserver, mais le gluten qu'ils contiennent accélère singulièrement la fermentation acide; aussi elle s'y développe avec une très-grande rapidité. Lorsque la fermentation vineuse y a lieu d'une manière régulière, la fermentation acide commence à s'y manifester lorsque la fermentation vineuse tire à sa fin, et avant qu'elle soit complétement terminée. D'abord il ne s'y forme qu'une petite quantité d'acide, et pendant ce temps-là la fermentation vineuse est encore assez forte pour former une quantité d'esprit plus considérable que celle qui est détruite par la formation du vinaigre : on ne doit donc pas distiller aussitôt que la fermentation acide se manifeste; mais bientôt celle-ci augmentant rapidement à mesure que la fermentation vineuse diminue, la quantité d'esprit contenue dans la liqueur éprouve un déchet considérable. L'art consiste à saisir, pour la distillation, le moment où la liqueur contient la plus grande quantité d'esprit.

Lorsque la fermentation vineuse marche moins régulièrement, l'acidité se manifeste dans la masse lorsque la première est encore peu avancée; alors on éprouve nécessairement une perte d'esprit considérable. Il arrive même quelquefois, lorsqu'on a commis quelque faute grave dans la mise en fermentation, que l'acidité commence à se développer en même temps que la fermentation vineuse, ou même avant, et que les deux fermentations marchant de front, l'esprit se trouve détruit et converti en vinaigre à mesure qu'il se forme; dans ce cas, dans quelque moment qu'on prenne le liquide pour le distiller, on n'en obtient presque pas de liqueur spiritueuse.

La fermentation acide est le résultat de toutes les erreurs et de toutes les négligences dans les manipulations. La fermentation vineuse, trop lente ou trop accélérée, donne également lieu à une fermentation acide prématurée; en un mot, la fermentation acide est le plus grand ennemi que les distillateurs rencontrent dans le cours de leurs opérations. Tous leurs efforts doivent tendre à la prévenir, ou à en retarder la marche. Parmi les soins nécessaires pour atteindre ce but, il n'en est aucun de plus essentiel qu'une propreté rigoureuse dans les cuviers et tous les ustensiles qu'on emploie. Le vinaigre lui-même est le plus puissant levain de la fermentation acide; de sorte que si on a laissé séjourner et dessécher dans un cuvier un résidu de vin qui a tourné à l'acide, le bois s'en trouvera tellement imprégné que, malgré un lavage soigné, il sera impossible d'y faire réussir une fermentation, quelques précautions que l'on prenne d'ailleurs. J'ai vu des cuviers tellement empoisonnés de cette manière, qu'il a fallu renoncer à en faire usage. C'est donc immédiatement après s'être servi des cuviers, seaux, râbles, pelles, etc., qu'on doit les laver proprement; et en outre on doit, de temps en temps, couvrir leurs surfaces d'un lait de chaux, qu'on y laisse dessécher et qu'on enlève ensuite avec soin, parce que la chaux nuirait autant à la fermentation vineuse que l'acide. Il n'est pas possible de pousser trop loin, dans une distillerie, les soins pour la propreté; toute négligence à cet égard ne manque jamais d'être punie par une diminution dans les produits.

Une autre précaution des plus essentielles, est la célérité dans toutes les opérations qui précèdent la mise en fermentation. C'est entre le 18e et le 35e degré du thermomètre que la fermentation acéteuse se manifeste le plus promptement et fait le plus de progrès; on doit donc éviter de laisser séjourner à ce degré le moût ou le grain humecté. La macération se faisant à-peu-près à 50°, il n'y a pas d'inconvénient de la laisser à cette température pendant plusieurs heures; mais si la masse restait à une température inférieure pendant le même espace de temps, elle serait souvent perdue sans retour.

Comme la fermentation acide ne peut avoir lieu sans le contact de l'air, des distillateurs très-instruits ont pris le parti de faire fermenter leur moût dans des vases clos, c'est-à-dire dans des tonneaux auxquels ils ne laissent qu'une petite ouverture dans le haut pour que le gaz, qui se dégage abondamment dans la fermentation, puisse s'échapper. Ce moyen est excellent; s'il n'entraînait pas autant d'embarras pour charger, décharger et nettoyer les tonneaux, et si on pouvait facilement y juger des progrès de la fermentation comme dans des cuviers ouverts, je n'hésiterais pas à le conseiller; mais j'ai l'expérience qu'on peut très-bien se passer de ces tonneaux, en employant des cuviers qu'on couvre avec beaucoup de soin, et sur-tout qui ne soient pas entièrement remplis, c'est-à-dire dans lesquels, indépendamment de l'écume qui se forme au-dessus de la masse en fermentation, il reste toujours un espace vide d'au moins 8 à 10 pouces dans de petits cuviers, et 12 à 18 dans de grands. Le gaz acide carbonique qui se forme par la fermentation, étant beaucoup plus lourd que l'air, remplit cet espace et reste toujours à la surface du liquide, sur lequel il forme une couverture qui, quoique invisible, n'est pas moins très-efficace pour la garantir du contact de l'air. On doit par conséquent soulever le moins souvent que l'on peut, dans le cours de la fermentation, le couvercle du cuvier, qui est lui-même absolument nécessaire pour empêcher que le gaz ne soit déplacé par les mouvemens de l'air extérieur; lorsqu'on est obligé de soulever le couvercle pour examiner l'état de la fermentation, on doit le faire très-doucement et en évitant tout mouvement brusque des mains dans l'intérieur du cuvier, afin de ne produire aucune agitation dans la masse de gaz. De cette manière, la partie vide du cuvier sera toujours tellement remplie de ce gaz, qu'on ne pourra y plonger un corps allumé sans qu'il s'éteigne sur-le-champ.

J'ai vu, à la vérité, un assez grand nombre de distillateurs qui sont dans l'usage de découvrir pendant quelque temps leurs cuviers, soit au commencement, soit à la fin de la fermentation, prétendant lui donner par-là plus d'activité. En examinant attentivement l'effet produit dans ce cas, je me suis aperçu qu'on voit souvent, à la vérité, les écumes monter plus abondamment quelques instans après qu'on a découvert le cuvier; mais ceci n'est qu'une illusion produite par le mouvement qu'imprime à toute la masse du liquide le refroidissement de sa surface. Les parties du fond, plus chaudes alors, montent, et avec elles les écumes. Cela paraît, à un homme peu éclairé, un redoublement de fermentation; mais ce n'est qu'un simple mouvement mécanique qui ne l'accélère nullement. Cette opération est donc non-seulement inutile, mais très-nuisible.

Lorsque l'acide se développe avant que la fermentation vineuse soit très-avancée, c'est une circonstance très-fâcheuse; et il n'y a pas d'autre remède à ce mal, que de saturer la portion d'acide qui s'est déjà formée, afin qu'elle n'agisse pas comme levain pour en produire de nouveau. Le docteur *Hyggins* a indiqué aux colons de la Jamaïque un moyen qu'ils emploient avec beaucoup de succès pour saturer l'acide qui se forme dans les cuviers de vin de cannes destinés à la fabrication du *rum ;* ce moyen m'a parfaitement réussi dans les fermentations de grains, et je le recommande spécialement aux distillateurs; il consiste à suspendre dans les cuviers un panier rempli de pierres calcaires réduites en petits morceaux. La plupart des pierres qu'on emploie à bâtir, sont des pierres calcaires, aussi bien que celles qu'on emploie à faire la chaux; dans les pays des grandes chaînes de montagnes, on emploie cependant aussi dans les bâtimens quelques espèces de pierres, comme le grès et quelques autres qui ne sont pas de nature calcaire. Pour s'assurer si une pierre est propre à l'objet qui nous occupe, il suffit d'en piler une petite quantité, et d'y verser du vinaigre; s'il s'y forme une vive effervescence, on peut l'employer avec confiance. La pierre calcaire, pour être employée à saturer l'acide dans les cuviers, doit être concassée en morceaux dont les plus petits soient de la grosseur d'un pois; si elle était en poudre fine, le liquide ne pénétrerait pas facilement dans la masse; si, au contraire, les morceaux étaient plus gros, ils produiraient peu d'effet, parce qu'ils n'agissent que sur leur surface. Pour un cuvier de 5 à 6 hectolitres, il suffit d'employer un panier qui contienne 8 à 10 kilogrammes de pierres. On le suspend au centre du cuvier, et de manière que le liquide surnage. Dans un plus grand cuvier, on plonge plusieurs paniers semblables. La meilleure manière est de plonger les paniers dans le liquide avant de mettre en levain ; cependant on peut encore les placer dans le cours de la fermentation, mais alors il faut avoir soin d'échauffer les pierres en les plongeant auparavant dans de l'eau au même degré de température que le cuvier, sans quoi on refroidirait trop la masse. Si elle avait besoin d'être rechauffée, on plongerait auparavant le panier rempli de pierres dans l'eau chaude. Il n'est pas à ma connaissance que les distillateurs de grains se soient encore servis de ce moyen pour arrêter les progrès de la fermentation acide ; mais, d'après ma propre expérience, je le leur recommande avec une grande confiance.

CHAPITRE III.

De l'eau.

Quelques distillateurs attachent la plus grande importance à la qualité de l'eau qu'ils emploient: ils ne croiraient pas pouvoir travailler avec d'autre eau que celle de rivière ; à peine admettent-ils comme bonne celle des meilleures fontaines. Cette opinion est au moins fort exagérée. La vérité est, qu'à l'exception de quelques espèces d'eaux que leur saveur ou leur odeur rendent impotables, il en est très-peu, même entre celles de puits, avec lesquelles on ne puisse obtenir de très-bonnes fermentations. Cependant leurs différentes qualités nécessitent quelques variations dans la conduite des opérations, et sur-tout dans le degré de température le plus convenable pour la macération et pour la mise en levain. A l'aide d'un thermomètre, l'expérience indiquera bientôt à chacun les degrés qui conviennent le mieux, selon la nature de l'eau qu'il a à sa disposition.

CHAPITRE IV.

Du ferment ou levain.

Le ferment le plus fréquemment employé dans les distilleries, est la levure de brasseur; lorsqu'on est à portée d'en avoir toujours de fraîche et à bon compte, je ne conseillerai pas d'en employer d'autre; mais comme, dans beaucoup de localités, on ne peut s'en procurer qu'avec beaucoup de difficulté, je vais indiquer un levain artificiel dont j'ai fait un très-grand usage, et qui m'a toujours paru le meilleur de tous ceux de ce genre qui ont été annoncés.

On prend de la farine de seigle qui doit être moulue fin et non pas seulement égrugée, mais il n'est pas nécessaire d'en séparer le son; on en fait une pâte épaisse avec de l'eau froide, ensuite on la délaie avec de l'eau bouillante dans laquelle on a fait dissoudre de la mélasse dans la proportion d'environ le quart de la farine; on y verse l'eau bouillante, peu-à-peu, et en agitant continuellement, jusqu'à ce que le tout forme une bouillie à-peu-près de la consistance de la levure de bière, et à la température de 20 à 25°. On y délaie alors un peu de levure de bière, ou de levain ordinaire de boulanger; on couvre le baquet et on le tient à une douce température. Au bout d'environ une heure, la fermentation doit déjà s'y être manifestée, autrement il serait nécessaire d'y ajouter du levain. Lorsque la fermentation marche bien, ce levain se gonfle beaucoup, et il doit être employé lorsqu'il est au plus haut point de sa fermentation, mais avant qu'il soit aigre. C'est ordinairement douze heures après qu'il a été fait, qu'il est bon à être employé.

Il est impossible de déterminer la quantité de cette levure nécessaire pour un cuvier de fermentation; cela dépend de la nature des substances qu'on met en fermentation, de la température, etc. Dans certains cas, il suffit d'employer dans le levain la centième partie en poids de la farine qu'on veut mettre en fermentation; dans d'autres, la vingt-cinquième partie n'est pas trop. Au reste, lorsque le levain n'est pas aigre, et que le moût n'est pas à une température trop élevée, trop de levain ne peut nuire; on peut en ajouter encore dans le commencement de la fermentation, lorsqu'on s'aperçoit qu'on n'y en a pas assez mis.

Quel que soit le levain qu'on emploie, on ne doit jamais négliger de faire ce que les distillateurs soigneux appellent *essayer le levain*. Pour cela, au moment où le cuvier est à la température convenable pour être mis en levain, on tire dans un baquet une petite partie du moût, c'est-à-dire environ la vingtième de la masse, et on y ajoute tout le levain qu'on destine au cuvier; en tenant ensuite ce baquet couvert, on examine attentivement, pendant dix à vingt minutes, la manière dont la fermentation s'y dévelope; on peut être assuré que le plus ou moins de promptitude et de force avec lesquelles elle s'y manifeste, donne un indice certain sur la qualité du levain et la marche que prendra la fermentation dans le cuvier, ce qu'il est très-important de connaître le plus tôt possible, afin d'ajouter promptement de nouvelle levure, ou de réchauffer ou de refroidir le cuvier, si on jugeait que la fermentation sera trop violente ou trop tardive. Lorsque le moût du baquet est en pleine fermentation, ce qui arrive ordinairement un quart-d'heure après que le levain y a été mis, on le verse dans le cuvier en l'agitant, et on le couvre aussitôt.

CHAPITRE V.

De l'emploi du thermomètre et de l'aréomètre.

Si on consulte les ouvriers praticiens sur l'emploi de ces instrumens, leur avis sera à-peu-près uniforme; presque tous les rejetteront comme inutiles, plusieurs même prétendent qu'ils sont nuisibles et induisent en erreur. L'ignorance d'une part, et de l'autre le désir de se rendre nécessaires, contribuent à établir chez eux cette opinion. En effet, si un homme a employé la moitié de sa vie à acquérir cette finesse de tact qui est nécessaire pour juger à la main du degré de température qu'il donne à ses cuviers, soit pour la macération, soit pour la mise en levain, et l'expérience qui lui apprend quelle proportion d'eau froide et d'eau bouillante il doit employer selon les diverses saisons et selon beaucoup d'autres circonstances, pour obtenir dans ses cuviers le degré de température qu'il désire, il me semble très-naturel qu'il manifeste une forte prévention défavorable, lorsqu'on lui parlera d'un instrument qui, en peu d'heures, doit mettre le premier venu en état de retrouver, dans toutes les circonstances possibles, le même degré de température, ou de le varier à volonté, avec beaucoup plus de certitude que lui-même ne peut le faire. Tout homme éclairé jugera, au contraire, que le thermomètre est un guide indispensable dans ces sortes d'opérations. Depuis quelques années, son usage s'est introduit dans un grand nombre de distilleries et de brasseries, dans les pays où ces arts ont acquis le plus de perfection, et il n'y a pas de doute pour moi que cet usage ne devienne de jour en jour plus général (1).

Quant à l'aréomètre, c'est un instrument destiné à faire connaître la quantité d'une matière quelconque dissoute dans l'eau. Si on fait dissoudre dans de l'eau pure, du sucre, du sirop, un sel quelconque, cette eau deviendra spécifiquement plus pesante, c'est-à-dire qu'une mesure déterminée de cette eau pesera plus qu'une mesure semblable d'eau pure. L'aréomètre est une véritable balance destinée à mesurer cette pesanteur spécifique, et, par conséquent, à indiquer dans quelle proportion la substance dissoute s'y trouve. Ce seul énoncé suffit pour faire juger quelle utilité on peut tirer de cet instrument pour connaître la richesse

(1) Toutes les fois que j'ai indiqué dans cet ouvrage des degrés du thermomètre, j'ai suivi la division de Réaumur comme celle qui est encore le plus en usage dans la classe la plus nombreuse de la société.

des moûts, et par conséquent la force de spirituosité qu'ils acquerront lorsqu'ils auront subi la fermentation vineuse. Lorsqu'un moût d'une pesanteur spécifique déterminée subit la fermentation vineuse, sa pesanteur spécifique diminue à mesure que la matière sucrée est détruite et convertie en esprit; c'est pourquoi l'aréomètre indique aussi avec la plus grande précision la marche de la fermentation. Par exemple, les moûts de raisins marquent ordinairement, dans le nord de la France, 8 à 10° à l'aréomètre, tandis que dans le midi ils marquent 15 à 20°. Les uns et les autres diminuent graduellement de degrés pendant la fermentation, et se rapprochent plus ou moins de zéro, qui est le degré de l'eau pure. La même chose a lieu pour les moûts des brasseurs, ceux qu'on prépare avec la mélasse pour la distillation, etc. L'aréomètre est alors un indice certain des progrès de la fermentation, et plus le moût a diminué de degrés, plus il a acquis de spirituosité. Combien de brassins ne fournissent qu'une bière plate et vapide, parce que la température de la macération a été trop ou trop peu élevée, et qu'ainsi l'eau n'a extrait que les trois-quarts, la moitié peut-être de la substance du malt! Un aréomètre avertirait le brasseur, dès son premier extrait, que son moût est trop faible, de combien il est trop faible, et le mettrait à même d'y apporter remède; tandis que celui qui se prive de cet instrument ne s'en aperçoit souvent que par la mauvaise qualité de sa bière au moment de la vente. Lorsqu'on prépare des vins de grains pour la distillation à la manière anglaise (voyez CHAP. IX), l'aréomètre est également d'un usage indispensable pour celui qui veut donner à ses opérations une marche assurée. Mais dans le cas où, par les procédés qu'on emploie dans la macération des grains et des pommes de terre, toute la fécule ne se trouve pas dissoute et convertie en sucre avant la mise en levain, et où cette conversion continue pendant la fermentation, comme cela arrive le plus souvent dans les procédés ordinaires, il est facile de sentir que l'aréomètre ne peut être d'aucun usage, puisque le liquide augmente, d'une part, de pesanteur spécifique par la dissolution de la fécule, en même temps que cette pesanteur diminue par l'effet de la fermentation vineuse.

En indiquant aux distillateurs l'utilité qu'ils peuvent tirer du thermomètre et de l'aréomètre, il est nécessaire de les avertir qu'ils doivent beaucoup se défier de l'exactitude du plus grand nombre de ces instrumens. Il y a en particulier des thermomètres si mal divisés, qu'on observe entre eux des différences de 4, 6 et même 10°. Le moyen de se garantir des erreurs que pourraient causer de pareils instrumens, est de n'en faire l'acquisition que chez les meilleurs fabricans, dût-on les payer un peu plus cher. Je conseille d'ailleurs, lorsqu'on a un bon thermomètre et un bon aréomètre, de ne pas s'en servir pour le travail journalier, mais de les conserver avec soin, pour servir de point de comparaisson avec ceux qui restent dans l'atelier. De cette manière, lorsque celui-ci vient à se casser, on peut facilement vérifier celui qu'on achète pour le remplacer; et quand celui-ci serait trop fort ou trop faible de quelques degrés, cela devient indifférent, puisqu'on le sait et qu'on se conduit en conséquence; sans cela, on sera forcé de faire un nouvel apprentissage et de se livrer à des tâtonnemens, qui, au moins, consument beaucoup de temps, toutes les fois qu'on aura affaire à un nouvel instrument.

CHAPITRE VI.

De la contenance des cuviers de fermentation.

Il est assez important, lorsqu'on veut établir une distillerie, de savoir à quelle contenance on doit se fixer pour les cuviers de fermentation qu'on veut employer. Cette contenance ne varie guère qu'entre 5 et 50 hectolitres. En principe général, la fermentation vineuse marche toujours plus régulièrement dans de grands cuviers que dans des petits; la masse conservant mieux sa propre température, est mieux à l'abri des variations extérieures. La fermentation marche fort bien dans un cuvier de 50 hectolitres, quoique exposé à la gelée, ce qui serait impossible dans un petit cuvier. Cependant la grandeur des cuviers est limitée par la nécessité que j'ai indiquée de terminer promptement les opérations nécessaires à la mise en macération de chacun. Les proportions qui me semblent les plus convenables, sont de diviser dans trois à quatre cuviers la quantité qu'on veut fabriquer chaque jour pour les fermentations de pommes de terre, et dans deux seulement pour les fermentations de grains, sans cependant que la contenance des cuviers se trouve ni au-dessus ni au-dessous des limites que j'ai indiquées plus haut.

CHAPITRE VII.

Fabrication du malt.

Les procédés de fabrication du malt sont assez généralement pratiqués pour que j'eusse pu me dispenser d'en parler ici; cependant je vais entrer dans quelques détails à ce sujet, pour les personnes qui ne les connaîtraient pas parfaitement: d'ailleurs, les procédés différant en certains points dans divers pays, et souvent même chez divers brasseurs et distillateurs du même canton, il sera bon d'indiquer ces différences.

Le froment, le seigle, l'orge et l'avoine peuvent être convertis en malt; mais comme c'est l'orge qu'on y emploie généralement, je ne parlerai que de lui. Les procédés pour les autres grains sont les mêmes, à quelques différences près dans le temps nécessaire pour la trempe et la germination.

Trois opérations sont nécessaires pour convertir l'orge en malt: 1°. la trempe; 2°. la germination; 3°. le séchage.

La trempe s'opère dans des cuviers ou des citernes en maçonnerie; ces dernières sont préférables. Les uns et les autres doivent avoir, à leur partie inférieure, un trou muni d'une broche, par où on peut soutirer l'eau sans que le grain en sorte. On met dans le cuvier ou la citerne la quantité d'orge qu'on veut convertir en malt; on y verse ensuite de l'eau jusqu'à ce quelle surnage l'orge de 4 à 6 pouces; cette eau doit être renouvelée toutes les 4 à 6 heures, et même plus souvent pendant les fortes chaleurs de l'été, et toutes les 12 heures pendant l'hiver; c'est-à-dire on doit soutirer toute l'eau et en remettre de nouvelle. Un assez grand nombre d'ouvriers négligent cette précaution, mais c'est toujours au détriment de la qualité du malt; car, dans la trempe, le grain doit seulement se pénétrer d'eau, mais il ne doit y subir aucune fermentation. Le temps nécessaire pour la trempe varie beaucoup selon les saisons, selon la qualité de l'eau, mais sur-tout selon la nature de l'orge. Celle qui est fraîchement récoltée ou fraîchement battue, est bien plus tôt trempée que celle qui est plus ancienne. La nature du terrain sur lequel l'orge a été récoltée exerce encore à cet égard une grande influence; c'est pourquoi on doit éviter avec grand soin de mettre en trempe à-la-fois des grains qui ne proviennent pas du même canton, ou qui ont été battus à des époques différentes, encore bien moins des grains d'une année avec celle d'une autre. Les grains qui ont été récoltés par un temps humide, exigent aussi pour la trempe moins de temps que ceux qui l'ont été par un temps sec. A défaut de ces précautions, une partie du grain a déjà passé le point convenable de la trempe, lorsque l'autre n'y est pas encore arrivée. Il est fort essentiel de saisir le moment précis pour sortir le grain de la trempe; on ne peut point assigner le temps qu'il doit y rester, car il varie depuis 20 heures jusqu'à 72, selon les circonstances que j'ai indiquées. On connaît que l'orge est assez trempée, lorsqu'en pressant doucement un grain entre les doigts, on sent qu'il est bien ramolli, et que l'enveloppe s'entr'ouvre aux extrémités et se sépare du grain; lorsqu'elle est arrivée à ce point, on soutire l'eau, et on laisse la broche ouverte pendant quelques heures, pour que le grain s'égoutte; après quoi on le porte au germoir. Si l'orge n'est pas assez trempée, la germination ne pourra pas bien s'opérer; on sera forcé d'arroser la couche de grain dans le germoir, ce qui ne remédie qu'imparfaitement au mal; si, au contraire, l'orge est restée trop long-temps en trempe, l'eau aura déjà dissous quelques-unes de ses parties essentielles, et le malt perdra beaucoup de sa qualité.

Le germoir est placé ordinairement dans une cave, et si elle est très-enfoncée, de manière que la température s'y maintienne bien égale, on peut y faire germer à-peu-près pendant toute l'année: cependant le germoir n'est quelquefois qu'une pièce au rez-de-chaussée; dans ce cas, on ne peut pas y faire germer ni pendant les fortes chaleurs, ni pendant les grands froids. On cherche cependant quelquefois à remédier à la température trop froide, par des couvertures de laine dont on couvre la couche de grain; mais alors il est bien difficile d'obtenir une germination égale. Le germoir doit être pavé en dalles ou pierres plates; c'est sur ce pavé qu'on met l'orge au sortir de la trempe. Beaucoup de brasseurs l'étendent d'abord en couche de quelques pouces d'épaisseur; mais le procédé qu'on suit dans beaucoup de brasseries, en Allemagne, est beaucoup plus expéditif et n'a aucun inconvénient; il consiste à mettre le grain sur le pavé du germoir, en un monceau très-élevé ; il s'y échauffe promptement, c'est-à-dire au bout de 20 à 30 heures, selon la température, et c'est seulement alors qu'on le dispose en couche de 6 à 18 pouces d'épaisseur, selon la saison, c'est-à-dire que cette couche doit être d'autant plus mince qu'il fait plus chaud. On doit observer la couche très-exactement, et d'heure en heure, et aussitôt qu'on s'aperçoit que la chaleur s'y manifeste, on change de place la couche en la remuant à la pelle. Cette opération a deux buts : l'un est de diminuer la chaleur de la masse, et l'autre est de mêler le grain qui se trouvait dans l'intérieur du tas, et qui, ayant plus de chaleur, germait le premier, avec celui qui était à l'extérieur. On doit répéter ce mouvement de la couche entière toutes les fois que la chaleur s'y manifeste de nouveau, c'est-à-dire toutes les 4, 5 ou 6 heures, selon la température de l'atmosphère et l'épaisseur de la couche.

Au bout de quelque temps, on aperçoit à un des bouts de chaque grain un point blanc qui est l'extrémité des radicules qui sont destinées à former les racines de la plante. Ces radicules s'allongent bientôt, et on doit veiller à ce qu'elles ne poussent pas trop promptement ; ce qu'on empêche par un mouvement fréquent de la couche. Au moment de la sortie des radicules, la plumule, c'est-à-dire la partie qui doit former la tige de la plante, se développe également; mais, au lieu de sortir à la même extrémité du grain, elle se replie, se glisse entre l'enveloppe et le grain, et va sortir quelque temps après à l'autre extrémité. Il est fort important de ne pas laisser arriver la germination jusqu'au moment où cette dernière partie (la plumule) se montre au-dehors; car alors le malt a perdu une grande partie de sa qualité : le moment d'arrêter la germination est celui où les radicules ont atteint une ligne, une ligne et demie, ou au plus deux lignes de longueur. Lorsqu'elles sont arrivées à ce point, on se hâte d'étendre la couche très-mince, et on la remue toutes les 2 ou 3 heures, afin que non-seulement la germination s'arrête, mais que les radicules périssent le plus tôt possible. Ordinairement, dans ce moment, on transporte le grain au séchoir ou sur la touraille; mais il y a une pratique particulière, qui est suivie généralement par les fabricans de malt en Angleterre, et par un grand nombre de ceux d'Allemagne, et qui contribue à donner au malt une qualité supérieure. Cette pratique consiste, aussitôt que les radicules sont péries par le contact de l'air et par le fréquent mouvement, à remettre le grain en un monceau élevé; il reste encore ainsi pendant 18 à 30 heures sans le remuer; il y prend une assez forte chaleur, et on ne le retire, pour le faire sécher promptement, que lorsque tous les grains ne forment plus qu'une substance comme huileuse et d'une saveur fort sucrée. Le malt qui a subi ce procédé est, sans contredit, beaucoup meilleur que celui qui a été séché aussitôt que la germination est arrivée à son terme; mais aussi ce procédé est fort délicat; si on laisse le grain un peu trop en monceau, il s'échauffe trop fortement, il s'altère, et toute la masse peut être perdue en peu de temps.

On peut faire sécher le malt, soit par le moyen du feu sur une touraille, soit en l'étendant en couche très-mince dans un lieu aéré, et en le remuant souvent; la première méthode est généralement pratiquée par les brasseurs, parce qu'elle est beaucoup plus expéditive, et que de très-vastes emplacemens seraient nécessaires pour faire sécher à l'air une grande quantité de malt à-la-fois. D'ailleurs, pour certaines qualités de bière, il est nécessaire que le malt ait éprouvé sur la touraille une espèce de torréfaction qui change sa couleur naturelle : c'est pourquoi les brasseurs distinguent plusieurs sortes de malt, selon sa couleur, savoir : malt pâle, ambré clair, ambré foncé, brun clair, brun foncé, et les emploient respectivement pour les qualités de bière auxquelles chacun convient le mieux. Mais, pour la distillation, le malt séché à l'air est bien préférable; et si on se sert de la touraille, on doit donner le feu le plus doux possible, de manière à ne pas changer la couleur du grain. Le malt ambré, et encore plus le brun, produisent une fermentation beaucoup moins active et moins d'esprit que le malt pâle.

L'orge, dans sa conversion en malt, augmente en volume et diminue en poids; et ces différences sont d'autant plus considérables que la germination a été poussée plus loin : il en résulte que celui qui vend du malt au poids, a intérêt de le laisser germer le moins possible, tandis que celui qui le vend à la mesure a intérêt au contraire, à lui laisser pousser de très-longues radicules; il est bon que les personnes qui seraient dans le cas d'acheter du malt, fassent attention à cela. Lorsqu'on achète du malt, au poids, on a aussi à craindre que le fabricant ne l'arrose au sortir de la touraille. On peut, à la vérité, lorsque le malt sort de la touraille, l'arroser d'une certaine quantité d'eau, sans autre inconvénient que d'augmenter son poids; cela est même généralement pratiqué en Angleterre, où la profession du fabricant de malt est séparée de celles de brasseur et de distillateur; mais, pour peu qu'on dépassât la mesure en ajoutant trop d'eau, le malt ne serait plus susceptible de se conserver.

Lorsque le malt a été bien préparé, il peut se conserver long-temps dans un lieu bien sec et aéré; mais le plus nouveau est toujours le meilleur.

CHAPITRE VIII.

Procédés de manipulation pour la mise en fermentation.

Je suppose qu'on veuille mettre en fermentation 100 kilogrammes de farine ; le cuvier de fermentation devra contenir 6 à 7 hectolitres, non compris la partie du cuvier qui doit rester vide. On fera chauffer de l'eau jusqu'à l'ébullition, et on la maintiendra bouillante pendant quelques instans ; on en fera refroidir une partie jusqu'à 40° pour faire la pâte. Pour cela on se servira d'un cuvier plus large que profond, et de la contenance de 3 à 4 hectolitres, que j'appelle le *cuvier de macération ;* on y mettra la farine, et on versera peu-à-peu l'eau à 40°, en pétrissant et en agitant continuellement de manière que la farine soit bien pénétrée dans toutes ses parties, et qu'il n'y reste aucun grumeau ; on continuera d'ajouter de la même eau jusqu'à ce que la masse porte 25 à 27° du thermomètre ; on couvrira alors le cuvier, et on le laissera ainsi pendant une demi-heure. On prendra alors de l'eau qui ait bouilli pendant quelques instans, et qui soit encore bien bouillante au moment où on l'emploie ; on la versera par petite quantité, en agitant continuellement la masse, de manière qu'aucune partie de la farine ne se trouve exposée à une chaleur trop considérable. On continuera de verser de l'eau bouillante et de remuer jusqu'à ce que la masse marque 50° du thermomètre; on couvrira ensuite le cuvier, et on le laissera en repos pendant deux heures. On peut même le laisser trois ou quatre heures, si la masse est considérable, ou si le local dans lequel on fait l'opération est assez chaud pour que la température de la masse ne diminue pas beaucoup. Au bout de ce temps on découvrira le cuvier, et on agitera le liquide pour le faire refroidir le plus promptement possible. Une méthode qui m'a très-bien réussi pour opérer ce refroidissement, consiste à remplir d'eau froide une bouteille de cuivre ou de ferblanc à long cou, de la contenance de 25 à 30 hectolitres : on plonge cette bouteille dans le liquide, et on l'y agite doucement; lorsque l'eau qu'elle contient est chaude, on la change, et on continue l'opération jusqu'à ce que le liquide soit refroidi au degré qu'on désire. Ce degré doit être calculé de manière que lorsque la masse sera transportée dans le cuvier de fermentation, en y ajoutant de l'eau froide en quantité suffisante pour remplir le cuvier jusqu'au point voulu, la masse se trouve au degré de température le plus convenable pour mettre en levain. Aussitôt que la masse est suffisamment refroidie, on la porte dans le cuvier de fermentation, et on achève de le remplir d'eau froide; il doit se trouver alors au degré convenable pour mettre en levain, comme je l'ai expliqué (CHAP. IV) : ce degré varie de 16 à 20°, selon la saison, la grandeur des cuviers, la nature du grain qu'on emploie, la nature de l'eau, etc. A l'aide d'un thermomètre, on aura bientôt trouvé le degré le plus avantageux pour chaque distillerie et pour chaque circonstance. Si on a mis en levain trop chaud, la fermentation prendra trop promptement, sera très-vive, et le liquide passera à l'aigre dès le deuxième ou le troisième jour. Si, au contraire, on a mis en levain trop froid, on s'en apercevra facilement, parce que la fermentation prendra lentement, et aura très-peu d'activité; alors aussi la fermentation acide commencera avant que la fermentation vineuse soit suffisamment avancée. En général, lorsque le levain a été mis à propos en suffisante quantité, la fermentation est déjà commencée deux heures après la mise en levain; au bout de douze heures elle est très-active, et continue ainsi jusqu'au troisième jour. Ainsi, un cuvier qui a été mis en fermentation le lundi, présentera, pendant toute la journée du mardi, une vive fermentation avec des écumes élevées et une odeur très-forte; si on plonge une chandelle allumée dans la partie vide du cuvier, elle s'éteindra sur-le-champ; en goûtant le liquide, il doit être encore douceâtre sans aucune aigreur. Le mercredi, les écumes sont déjà beaucoup diminuées; le liquide n'est plus douceâtre, mais vineux, cependant pas encore acide. Le jeudi, les écumes sont totalement tombées et déposées au fond du cuvier; le liquide est presque clair, légèrement acide, et il se forme ordinairement à la surface une pellicule blanchâtre; c'est le moment de prendre le liquide et de le distiller.

J'ai conseillé de faire la macération dans un cuvier à part; cependant l'usage ordinaire des distillateurs est de la faire dans le cuvier de fermentation même. Je préfère le premier moyen, parce qu'il donne plus de facilité de refroidir dans un cuvier large et peu profond, que dans les cuviers de fermentation qui ont beaucoup plus de hauteur. D'ailleurs, en transvasant la masse dans le cuvier de fermentation, qui est froid, elle diminue encore d'un ou de deux degrés, ce qui est autant de temps gagné pour le refroidissement; et il est très-important qu'il se fasse le plus promptement possible. En faisant la macération dans le cuvier même de fermentation, on est obligé d'ajouter une bien plus grande quantité d'eau froide pour amener la masse au degré de température convenable pour la mise en levain, et on a par conséquent un vin plus faible.

Le procédé pour les pommes de terre diffère peu de celui que je viens de décrire. La proportion dans laquelle on peut ajouter le malt est assez arbitraire.

Six à huit kilogrammes par resal de pommes de terre pesant 135 kilogrammes, sont à la rigueur suffisans; j'ai indiqué (Chap. Ier.) les motifs qui doivent engager à en employer une plus grande quantité. Un cuvier de cinq hectolitres est suffisant pour la fermentation d'un resal de pommes de terre. Lorsque les pommes de terre sont cuites à la vapeur, et pendant qu'on est occupé à les écraser avec le cylindre (1), on fait la pâte avec le malt qu'on veut employer dans le cuvier de macération, de même que je l'ai indiqué pour les grains avec de l'eau à 40°, et on le couvre; une demi-heure après on y transporte les pommes de terre écrasées, et on met en macération avec de l'eau très-bouillante, jusqu'à la température de 50°; on traite ensuite absolument comme pour les grains.

J'ai indiqué 50° comme le terme le plus favorable pour les macérations; c'est en effet celui qui convient dans le plus grand nombre de circonstances, et on ne manquera jamais une fermentation pour l'avoir faite à ce degré; cependant il y a des cas où on obtiendra une plus grande quantité d'eau-de-vie en faisant la macération quelques degrés au-dessus ou au-dessous de 50°; cela tient à tant de circonstances, qu'il est impossible de donner des règles précises à ce sujet. C'est toujours par l'expé-

(1) Comme je l'expliquerai tout-à-l'heure.

rience, et le thermomètre à la main, qu'on doit se diriger. On peut dire cependant, en général, que la macération doit être faite plus chaude en hiver qu'en été; plus chaude dans de petits cuviers que dans de grands; plus chaude lorsqu'aux grains qu'on emploie on ajoute une grande proportion de malt, que lorsqu'on en met peu, etc.

CHAPITRE IX.

Est-il avantageux de distiller le dépôt ou le marc qui se forme dans les cuviers de fermentation de pommes de terre ou de grains?

Dans les cuviers de fermentation de pommes de terre, on peut tirer, lorsque la fermentation est terminée, environ les trois-quarts de liquide clair; le reste forme un marc ou dépôt très-épais. Je suppose ici qu'on soutire le liquide par une chantepleure, et non pas en le puisant dans le cuvier. Je suppose aussi que la fermentation a bien marché; autrement le dépôt serait plus considérable. Comme cette partie de dépôt cause beaucoup d'embarras pour le transporter dans l'alambic et l'en retirer, et comme il contribue beaucoup à donner un mauvais goût à l'eau-de-vie, j'ai cherché à m'assurer si on ne pourrait pas avantageusement se dispenser de le soumettre à la distillation. La plupart des distillateurs de profession, que j'ai consultés à ce sujet, considéraient ce dépôt comme la partie qui produisait le plus d'eau-de-vie. Comme cette opinion est contraire à la raison, j'ai voulu m'assurer, par des expériences positives, quelle proportion d'eau-de-vie est contenue dans ce dépôt. J'ai trouvé, comme je m'y attendais, qu'il contient, à mesure égale, beaucoup moins d'eau-de-vie que le liquide qui le surnage. Cette proportion varie du tiers à la moitié. En supposant dans le cas le plus défavorable qu'elle soit de moitié, la quantité de dépôt dans un cuvier étant du quart, la perte sur le tout se trouverait être d'un huitième si on ne distillait pas le dépôt.

Cette perte est certainement considérable; cependant, en considérant la chose de près, on s'apercevra qu'elle serait compensée, jusqu'à un certain point, par la facilité qu'elle donnerait de traiter avec le même alambic, le même nombre d'ouvriers, etc., une plus grande quantité de matière.

J'ai vu quelques personnes craindre que si l'on suivait ce procédé, le marc qui n'aurait pas été soumis à la distillation ne fût nuisible aux bestiaux, à cause de sa qualité trop enivrante. Cependant ce marc contient si peu d'esprit, que je ne crois pas qu'on puisse avoir aucune inquiétude en le donnant aux bestiaux, sur-tout si on le mêle avec la vinasse qui a été entièrement dépouillée d'esprit. Avec les alambics ordinaires, il arrive souvent qu'on ne peut pas distiller une cuite à fond, parce qu'elle commence à brûler; alors tout ce qui sort de l'alambic contient plus d'esprit que la masse mélangée n'en contiendra par le procédé que j'indique. Au reste, pour peu qu'on ait d'inquiétude à cet égard, il est très-facile de détruire toute la partie spiritueuse qui se trouve dans le marc; il ne faut pour cela que le laisser exposé à l'air, deux, trois ou quatre jours, selon la saison; il passera promptement à l'aigre, et ne contiendra plus d'esprit; dans cet état, il n'en sera que plus propre à la nourriture des bestiaux.

Presque tout le dépôt qui se forme dans les cuviers, est formé par les pelures de pommes de terre et par les morceaux qui, n'ayant pas été suffisamment écrasés, n'ont pu se dissoudre, et n'ont par conséquent pas fourni d'eau-de-vie. D'un autre côté, ce sont uniquement les pelures qui communiquent à l'eau-de-vie de pommes de terre son goût particulier. Il est donc évident que si on trouve un moyen de séparer ces pelures avant la fermentation, on évitera à-la-fois deux grands inconvéniens de cette fabrication; c'est-à-dire qu'on obtiendra une eau-de-vie qui n'aura pas ou presque pas le goût de pommes de terre, et qu'il ne se trouvera presque pas de marc au fond des cuviers. Cette séparation des pelures n'est pas si difficile qu'elle le paraît au premier coup d'œil ; il existe pour cela un moyen, que je ne puis m'empêcher de recommander à tous les distillateurs soigneux, et qui mettent quelque amour-propre dans leur fabrication.

Lorsque les pommes de terre sont écrasées, si on met une certaine quantité de cette pulpe dans une passoire à trous un peu larges, ou dans un panier, et qu'on le plonge à plusieurs reprises dans l'eau, en agitant la masse avec la main, toute la pulpe passera dans l'eau au travers du panier, dans lequel il ne restera que les pelures et les morceaux qui n'ont pas été écrasés. Deux hommes peuvent laver, de cette manière, au moins un resal, dans une heure. Ainsi, dans un atelier où on mettrait en macération, tous les jours, quatre cuviers, ce lavage exigerait deux, ou peut-être trois ouvriers de plus ; mais cette dépense serait richement compensée. En effet, dans quatre cuviers, au lieu de quatre resaux de pommes de terre, on pourrait facilement en mettre six, et par conséquent fabriquer trois mesures d'eau-de-vie au lieu de deux ; car la perte qu'on ferait sur le marc serait insignifiante et plus que compensée par l'augmentation de produit qui serait causée par les morceaux qui sont perdus dans les fermentations ordinaires, et qui, ici, seraient mis à profit (je suppose qu'on repasserait les pelures au cylindre pour écraser les morceaux qui s'y trouvent mêlés, et relaver une seconde fois). Dès la première fois qu'on fera cette opération, on s'apercevra que, même avec le meilleur cylindre, la quantité de pulpe qui reste en morceaux, et qui est perdue dans les fermentations ordinaires, est très-considérable.

On peut calculer facilement le bénéfice qui doit résulter de cette opération du lavage des pelures; il consistera dans le bénéfice sur la fabrication d'une mesure d'eau-de-vie de plus, et dans l'augmentation de valeur de l'eau-de-vie à raison de son bon goût, augmentation qu'on ne peut pas évaluer à moins de 4 fr. par mesure. On verra, de cette manière, que les deux ou trois journées d'ouvriers qu'on aura employés de plus, rapporteront au moins vingt-cinq francs. Au reste, les observations que je viens de faire sur les moyens d'augmenter la quantité d'eau-de-vie fabriquée journellement, s'adressent plutôt aux fabricans des villes qu'aux cultivateurs, pour lesquels l'eau-de-vie n'est qu'un produit accessoire.

Quant aux détails d'exécution du procédé, je renvoie aux principes généraux que j'ai indiqués à l'article de la macération des pommes de terre. J'ajouterai seulement que le lavage de la pulpe qui doit entrer dans un cuvier, devra se faire, autant que possible, dans une quantité d'eau qui ne soit guère au-dessus de moitié de la contenance du cuvier de fermentation ; que l'eau dans laquelle se fait le lavage doit être à 50 degrés de chaleur, et maintenue autant que possible, à ce degré, en y ajoutant de l'eau bouillante pendant le lavage ; que le malt, qu'on aura fait auparavant ramollir, doit être mis dans le cuvier de lavage dès le commencement de l'opération, et qu'on doit agiter de temps en temps le liquide pendant le lavage, pour que le malt se mêle bien avec les pommes de terre, et pour que la macération commence déjà. Le lavage fini, on laissera encore le cuvier couvert pendant au moins une heure, et ensuite on le fera refroidir le plus promptement possible, afin qu'en y mêlant la quantité d'eau froide nécessaire pour remplir le cuvier de fermentation, il se trouve au degré convenable pour le mettre de suite en levain.

Quoique j'aie déjà plusieurs fois recommandé les soins de propreté dans toutes ces opérations, comme contribuant infiniment au succès, je ne dois pas négliger de prévenir encore ici les personnes qui voudraient suivre ce procédé, que si elles y emploient un panier, il exige, plus que tous les autres ustensiles, les soins les plus exacts sous ce rapport. Si le panier n'était pas parfaitement lavé immédiatement après chaque opération, quelques heures suffiraient pour faire aigrir la pulpe, qui s'y attache nécessairement, et les opérations suivantes s'en sentiraient d'une manière très-fâcheuse.

Les observations que je viens de faire relativement au dépôt des fermentations de pommes de terre, peuvent s'appliquer également aux fermentions de grains, avec d'autant plus de raison que ceux-ci forment un dépôt moins considérable que les pommes de terre. On peut donc, lorsque la fermentation des grains est terminée, tirer le liquide clair et négliger le dépôt; il ne serait même pas difficile de disposer les cuviers de fermentation de manière à tirer encore du dépôt une bonne partie du liquide. Cela peut se faire en mettant dans le cuvier, en avant de la broche du fond, quelques poignées de paille, pour empêcher le marc de passer. Après avoir tiré tout ce qu'on peut au clair par la broche, placée plus haut, on tirera encore tout ce qu'on pourra par la broche du bas; il restera alors très-peu de liquide dans les marcs. Ceci peut se faire bien plus facilement avec les grains qu'avec les pommes de terre.

Depuis très-long-temps les distillateurs anglais se sont affranchis de l'embarras de distiller les dépôts. Comme on fabrique dans ce pays-là une immense quantité d'eau-de-vie de grains, et qu'il y a lieu de croire que les procédés qui y sont usité présentent de grands avantages, je vais indiquer comment les distillateurs de ce pays travaillent. Le procédé se rapproche beaucoup de celui des brasseurs, c'est-à-dire que les distillateurs préparent un moût en passant plusieurs fois de l'eau sur le grain qu'ils veulent distiller; ils rejettent alors le grain épuisé, de même que les brasseurs, et ne font fermenter que le moût qu'ils appellent *lavage*. Ils emploient pour la distillation le froment, le seigle ou l'orge, selon que les uns ou les autres sont à meilleur marché. Au lieu d'employer tous leurs grains germés ou convertis en malt, comme les brasseurs, ils n'en emploient qu'une partie, du sixième au tiers; c'est-à-dire que pour une macération de six resaux de grains, on prendrait un ou deux resaux de malt, et le reste en grain cru, moulu ou égrugé comme le malt, le tout mêlé ensemble. La première macération se fait à un degré de chaleur beaucoup moins élevé que celui qu'emploient les brasseurs, c'est-à-dire à environ 50 degrés, un peu plus ou un peu moins, selon la nature des grains qu'on emploie, la plus ou moins grande proportion de malt, la saison, la qualité de l'eau, etc. Après avoir soutiré le premier extrait, on fait la seconde et la troisième macération avec de l'eau froide, on mêle tous les extraits, on fait rafraîchir, si cela est nécessaire, et on met en levain à une température fort basse, c'est-à-dire, de 12 à 16 degrés.

Ordinairement les distillateurs anglais, pour

augmenter le produit de chaque cuite, ajoutent au lavage, avant la fermentation, une certaine quantité d'extrait de malt et de grain; pour cela ils font à part une macération comme je viens de l'expliquer; ils mettent tous les extraits dans une chaudière, et les font évaporer jusqu'à la consistance du sirop. C'est ce sirop qu'ils ajoutent au lavage pour lui donner plus de richesse. Ils portent ordinairement, par ce moyen, la densité du lavage avant la fermentation jusqu'à 10 à 12 degrés de l'aréomètre. Ce lavage produit alors un sixième ou un huitième de sa masse en eau-de-vie.

Au reste, ce dernier procédé n'a pour but que de gagner quelque chose sur l'impôt, qui, en Angleterre, se perçoit sur la masse du vin à distiller. Dans les pays où il n'existe pas d'impôt semblable, il n'y a aucun motif pour l'imiter.

Un des principaux avantages qu'on trouvera dans les procédés qui dispensent de soumettre à la distillation la partie épaisse des cuviers, consiste dans la facilité d'employer les alambics continus, qui présentent d'immenses avantages pour les grandes fabriques. Quant aux cultivateurs qui ne veulent distiller que de petites quantités à-la-fois, je crois que le procédé qui leur convient le plus, est le premier que j'ai indiqué, le plus simple de tous, et qui est employé par-tout où la distillation est une opération d'économie agricole.

CHAPITRE X.

De quelques ustensiles et appareils nécessaires pour la fabrication de l'eau-de-vie de grains et de pommes de terre.

§. I.

Appareil à cuire les pommes de terre.

Les pommes de terre destinées à la fabrication de l'eau-de-vie sont toujours cuites à la vapeur. Ordinairement on emploie, pour cette opération, un tonneau placé debout et défoncé par le haut, dans lequel on place les pommes de terre. Près du tonneau est un alambic destiné à cette opération, et dans lequel on fait bouillir de l'eau; le bec du chapiteau de l'alambic entre par un trou pratiqué dans le tonneau, et y introduit la vapeur. J'ai remplacé avantageusement cet appareil par un autre plus simple et moins coûteux, qui est en usage dans les États-Unis d'Amérique : il consiste en une chaudière de fonte établie dans un massif de maçonnerie, dont la surface supérieure, revêtue d'un bon ciment, s'élève par une pente douce tout autour de la chaudière, à partir de son bord; on place sur ce massif, et au-dessus de la chaudière, un tonneau défoncé par le haut, ou un cuvier en bois de chêne, dont le fond doit avoir 3 ou 4 pouces de diamètre de plus que l'ouverture de la chaudière, afin que le tonneau repose solidement sur la maçonnerie, tout autour de la chaudière. Le fond du tonneau, qui doit être de bois épais, est percé de plusieurs trous de 4 à 5 pouces de longueur sur un demi-pouce environ de largeur, pour donner passage à la vapeur. Ces trous ne doivent pas être ronds, parce qu'alors une pomme de terre pourrait les boucher entièrement.

Pour la commodité du service, le tonneau doit avoir vers le bas une ouverture qu'on ferme avec une portière, et par laquelle on tire les pommes de terre lorsqu'elles sont cuites, sans déplacer le tonneau. Si la localité le permet, les pommes de terre, en sortant de cette ouverture, doivent tomber dans la trémie des cylindres.

Il arrive ordinairement qu'il sort un peu de vapeur par-dessous le tonneau, à l'endroit où les *jables* reposent sur la maçonnerie; on l'arrête facilement, en lutant avec de l'argile délayée avec du crottin de cheval.

Cet appareil, dessiné (*fig.* 1re.), dont j'ai fait usage pendant long-temps, me semble préférable à celui dont on se sert ordinairement, sur-tout lorsque le tonneau n'est pas très-grand. Pour un grand appareil, comme il est nécessaire de déplacer le tonneau chaque fois qu'on veut nettoyer la chaudière, il serait bon de placer au-dessus du tonneau une poulie mouflée, pour aider à l'enlever. Il faudrait aussi disposer en bas du tonneau un tuyau qui vînt aboutir extérieurement, pour pouvoir remettre de l'eau dans la chaudière sans enlever le tonneau. Pour un tonneau de la contenance de 2 ou 3 hectolitres, qui se déplace facilement, tout cela n'est pas nécessaire.

§. II.

Machine à écraser les pommes de terre.

Cette machine est à-peu-près la même par-tout, et elle atteint assez bien son but. Elle se compose de deux cylindres, ordinairement en pierre, et d'un pied de diamètre au moins, entre lesquels s'écrasent les pommes de terre. Un des cylindres fait mouvoir l'autre, au moyen d'un engrenage composé de deux roues dentées de diamètre inégal, afin que les cylindres exercent, outre la pression, un espèce de frottement contre les pommes de terre, ce qui facilite l'écrasement. Ordinairement, si une des deux roues porte quinze dents, l'autre en porte vingt. La manivelle est fixée sur l'axe du cylindre qui porte la plus petite roue.

Les deux cylindres sont surmontés d'une trémie qui contient les pommes de terre à écraser.

Le bâti qui supporte le tout, forme, au-dessous

des cylindres, une espèce de caisse dans laquelle tombent les pommes de terre écrasées. Un des grands côtés de cette caisse s'ouvre à charnières en s'abaissant dans toute sa longueur et dans toute sa hauteur, par l'enlèvement dés pommes de terre écrasées. (Voyez *l'Explication de la figure* 2e.)

J'ai remplacé avec avantage les cylindres en pierre, qui rendent la machine très-pesante, et qui sont d'ailleurs assez casuels, par des cylindres en bois, formés de plusieurs disques en chêne de 2 pouces d'épaisseur, et superposés, en croisant toujours les fils du bois; le tout est assemblé par quatre boulons. Cela procure la facilité de donner plus de diamètre aux cylindres, ce qui est avantageux, parce que les pommes de terre s'y engagent mieux. Les grosses pommes de terre s'engagent déjà difficilement entre deux cylindres d'un pied de diamètre.

§. III.

Des alambics.

La construction des alambics a fait tant de progrès en France depuis une vingtaine d'années; il en a été construit et décrit de si parfaits de divers genres, que je me serais dispensé entièrement d'en parler, si cette instruction n'était pas destinée principalement aux habitans de la campagne, qui sont peu à portée de connaître et de se procurer les meilleurs appareils.

Il faut convenir même que le plus grand nombre des appareils perfectionnés ne conviendrait pas au commun des cultivateurs, soit à cause de leur prix élevé, soit à cause de la difficulté de leur entretien, dans des campagnes où on peut rarement employer de bons ouvriers. Les appareils de distillation continue, qui sont, sous beaucoup de rapports, les plus parfaits, conviennent peu pour la distillation des matières épaisses. M. *Derosne* a cependant annoncé que son alambic, qui est *continu*, peut servir à cette distillation : la disposition est, à la vérité, très-ingénieuse, et je crois qu'à la rigueur la chose est possible; mais cet appareil est beaucoup trop compliqué, et son service beaucoup trop difficile, pour qu'il soit à l'usage du commun des habitans de la campagne. Il leur faut un appareil extrêmement simple, n'exigeant presque pas de réparations, d'un service facile, et destiné à distiller seulement de petites quantités, parce que, chez eux, la fabrication est limitée par la consommation des bestiaux.

Dans les cantons de l'Allemagne où la distillation est entre les mains des cultivateurs, les appareils sont extrêmement grossiers : ils se composent d'une cucurbite, dont la contenance la plus ordinaire est d'environ 2 hectolitres, avec un serpentin toujours trop petit, et qui même est souvent remplacé par un tuyau de cuivre droit qui traverse un tonneau d'eau.

Les seules améliorations dont je crois cet appareil susceptible entre leurs mains, sont : 1°. de donner plus de développement au serpentin qui, dans la construction ordinaire, laisse échapper beaucoup d'alcool, faute d'une condensation suffisante, sur-tout dans les *raffins*, c'est-à-dire lorsqu'on distille les flegmes pour les convertir en eau-de-vie ;

2°. D'ajouter, entre l'alambic et le serpentin, un réservoir en bois, c'est-à-dire un tonneau placé debout, destiné à recevoir le vin qui doit être distillé. Ce tonneau doit avoir la même contenance que l'alambic, et être placé assez haut pour qu'en ouvrant une broche ou un robinet placé à sa partie inférieure, le liquide qu'il contient s'écoule dans l'alambic, après avoir été chauffé, dans le cours de la distillation précédente, par un tour de serpentin placé dans le tonneau, et que la vapeur parcourt avant d'arriver dans le serpentin placé dans le tonneau d'eau. J'ai dit que le serpentin placé dans le vin ne doit former qu'un seul tour, parce qu'il faut que le liquide soit porté à un degré voisin de l'ébullition, mais non pas qu'il bouille dans le tonneau, ce qui entraînerait une perte d'esprit. On pourrait bien, il est vrai, prévenir cette perte en faisant communiquer, au moyen d'un tuyau, la partie vide du tonneau fermé soigneusement avec le serpentin à l'eau ; mais cela compliquerait la machine, qui ne peut être trop simple pour les cultivateurs.

La disposition que je propose présente plusieurs avantages : le premier est l'économie du temps et du combustible, puisque le liquide à distiller arrive presque bouillant dans l'alambic. L'économie du combustible est considérable ici, parce que, lorsqu'il est question de distiller un vin qui ne contient souvent que la vingt-cinquième ou la trentième partie de son volume d'eau-de-vie, la proportion de combustible que l'on employe à porter le liquide au degré de l'ébullition, est beaucoup plus considérable que lorsqu'on distille un vin plus fort.

Un autre avantage de cette disposition, c'est qu'elle dispense du soin d'agiter le liquide dans l'alambic, lorsqu'il commence à s'échauffer. Dans les alambics ordinaires, on ne place la *têtière* que lorsque le liquide approche du point de l'ébullition ; jusqu'à ce moment, un homme agite continuellement la masse, pour empêcher les parties épaisses de se rassembler au fond, et de se charbonner en donnant un goût d'empyreume à l'eau-de-vie. Lorsque le liquide est près de l'ébullition, le mouvement qui produit la chaleur suffit pour empêcher cet inconvénient, pourvu toutefois qu'on ait soin d'entretenir le feu également, sans que le liquide cesse un instant de bouillir. Je dois dire cependant que, lorsque la fermentation a été imparfaite, le liquide contracte souvent une viscosité qui met le distillateur dans l'impossibilité, quelques précautions qu'il prenne, de distiller *à fond* sans accident.

Une disposition qui présente aussi un avantage très-considérable, consiste à placer, entre l'alambic et le réservoir de vin, un *condenseur* dont les flegmes retournent dans l'alambic; ce qui permét de produire l'eau-de-vie de première chauffe, au lieu de flegmes très-faibles, qu'on obtient ordinairement. Les personnes qui ne craignent pas une légère dépense et un peu plus de complication dans l'appareil, y trouveront une économie très-considérable.

J'ai fait usage, pendant long-temps, d'un alambic contenant 20 hectolitres, disposé, comme je viens de l'indiquer, avec un condenseur et un réservoir de vin dans lequel je ne craignais pas de porter le liquide à l'ébullition, parce que les vapeurs qui s'y formaient étaient conduites par un tuyau dans le serpentin à eau. L'alambic se vidait par un très-gros robinet, et un autre robinet semblable fermait la communication entre le réservoir à vin et l'alambic. Le service en était très-commode et très-économique.

Quelques personnes seront sans doute surprises de me voir considérer comme trop compliqué, pour les cultivateurs, un appareil aussi simple que celui-ci, en comparaison de plusieurs alambics d'invention moderne, dont on fait usage avec le plus grand succès; mais ceux qui connaissent par expérience combien on éprouve de difficultés dans les campagnes éloignées des villes, pour accoutumer les domestiques aux soins d'une machine qui n'est pas d'une extrême simplicité, et pour faire exécuter les réparations qu'elle exige, jugeront, je pense, comme moi, qu'on doit souvent sacrifier de très-grands avantages, pour n'employer que les machines les plus simples. Je crois en avoir assez dit pour que chacun puisse choisir la construction qui conviendra le mieux à sa position. J'ai représenté ici (*fig.* 3) l'appareil qui me semble convenir le mieux au commun des cultivateurs.

CHAPITRE XI.

Emploi des résidus de la distillation des pommes de terre à la nourriture des bestiaux.

Le liquide qui s'écoule de l'alambic après la distillation, et qui contient aussi quelques parties épaisses, est une très-bonne nourriture pour les bœufs de travail, les bœufs à l'engrais, les vaches laitières et les cochons.

Nous n'avons pas d'expression française qui corresponde au mot allemand *spülig*, par lequel on désigne ce liquide. Je le traduirai par le mot *lavage*.

On peut calculer que celui qui distille par jour un resal de pommes de terre (135 kilogrammes), peut nourrir avec le lavage cinq ou six bœufs de travail ou vaches laitières. Chaque tête de bétail reçoit ainsi un peu moins d'un hectolitre de lavage. Si on donne en outre, par tête, cinq ou six livres de foin sec, ce qui est toujours nécessaire avec une nourriture aussi liquide, le bétail est bien nourri. Les bœufs à l'engrais consomment plus de lavage; on leur en donne autant qu'ils veulent en boire.

Les bestiaux nourris ainsi produisent une quantité d'urine très-considérable. Dans la plupart des cantons où on les soumet à ce régime, on reçoit cette urine dans des réservoirs, où on la laisse se putréfier pendant quelques mois, et on l'emploie ensuite comme amendement en la répandant sur les terres. Chaque cultivateur qui a un alambic, a aussi toujours un réservoir d'urine, et une voiture à tonneau pour la conduire. Ces cultivateurs calculent, en général, qu'ils amendent tous les ans une aussi grande étendue de terre avec l'urine putréfiée produite par leurs bestiaux, qu'avec le fumier qu'ils en obtiennent. Cet amendement est beaucoup moins durable que le fumier; mais il est plus énergique, sur-tout dans les sols légers et de mauvaise qualité.

Ceux qui engraisseront des bœufs et des cochons avec du lavage, doivent savoir que la graisse de ces animaux est inférieure en qualité à celle qui est produite par quelques autres alimens. Pour remédier à cet inconvénient, on donne ordinairement aux cochons, sur la fin de l'engraissement, un supplément de maïs, de pois ou de féveroles égrugés, et aux bêtes à cornes, les mêmes substances, ou des tourteaux d'huile.

EXPLICATION DES FIGURES.

FIGURE PREMIÈRE.

Fourneau à cuire les pommes de terre ; coupe.

a, Foyer.

b, Cendrier.

c, Tuyaux de circulation pour la fumée.

d, Chaudière.

ee, Plan incliné, formé par le massif de maçonnerie, et sur lequel repose le cuvier.

Le fond de ce cuvier est percé de plusieurs trous oblongs, par lesquels la vapeur s'introduit dans le cuvier.

Comme la vapeur cherche souvent à s'échapper par-dessus les jables du cuvier, en *ee*, on garnit extérieurement le pourtour avec de l'argile mêlée de fiente de cheval.

Le plan incliné du massif de maçonnerie doit être enduit d'un bon ciment.

On n'a pas mis d'échelle à cette figure, ni aux suivantes, parce que les dimensions de ces appareils dépendent entièrement de la quantité de matière qu'on veut fabriquer.

FIGURE DEUXIÈME.

Machine à écraser les pommes de terre.

aaaa, Bâti soutenant l'appareil.

b, Trémie dans laquelle on jette les pommes de terre cuites.

cc, Cylindres en pierre, en fonte, ou en plateaux de bois dur, comme je l'ai expliqué dans le texte, entre lesquels s'écrasent les pommes de terre.

Ces cylindres doivent avoir au moins un pied de diamètre, et autant de longueur.

On voit en *d* une partie d'une des roues d'engrenage qui les mettent en mouvement. Les deux cylindres sont d'égal diamètre; mais les deux roues d'engrenage ne sont pas égales, afin qu'en tournant, les cylindres produisent un léger frottement l'un contre l'autre. Si la roue fixée sur l'axe d'un des deux cylindres porte quinze dents, l'autre en portera vingt. La manivelle se fixe sur celui des deux cylindres qui porte la plus petite roue.

efgh, Décrottoir qui sert à nettoyer le cylindre sur lequel est placée la plus grande roue dentée.

Le décrottoir proprement dit, *ef*, est fixé au point *f* sur lequel il est mobile. La tige *gh* sert à le presser contre le cylindre. Cette tige traverse en *h* celle du décrottoir, et elle forme en dessous une tête par le moyen de laquelle elle la tire en haut. Cette tige est taraudée en *g*, et reçoit un écrou à ailettes qui, pressant sur la traverse *i*, force le décrottoir à exercer une pression contre le cylindre.

kl, Volet qui, en se levant, va s'appuyer en *mn*. Lorsqu'il est ainsi placé, toute la partie de la machine qui est au-dessous de l'axe des cylindres forme une espèce de coffre dans lequel tombent les pommes de terre écrasées. On ouvre le volet *k l* pour les retirer.

op, Liteau fixé sur la trémie, et qui la soutient en reposant sur la traverse supérieure du bâti. Un liteau semblable est placé derrière la trémie, qui peut ainsi s'enlever à volonté.

FIGURE TROISIÈME.

Appareil de distillation vu de face.

a, Foyer. (Le cendrier est supposé placé au-dessous du niveau du sol.)

b, Chaudière avec sa vidange.

c, Cuve contenantle condensateur. La vapeur sortant de la chaudière, s'y rend par le tuyau *d*. Je n'ai pas figuré le condensateur parce qu'on peut en varier la forme. Celui de M. Bérard me paraît être un des meilleurs de ceux qui ont été décrits jusqu'ici.

e, Tuyau ramenant les flegmes du condensateur dans la chaudière. Ce tuyau forme un cou de cygne en *e*, pour fermer le passage aux vapeurs contenues dans la chaudière, cette partie du tuyau restant toujours remplie de liquide.

f, Tuyau par lequel les vapeurs sortant du condensateur passent dans les serpentins.

g, Tonneau contenant la matière qui doit être distillée à la chauffe suivante, et qui est échauffée par un tour de serpentin.

h, Entonnoir par lequel la matière est introduite dans ce tonneau; le trou de cet entonnoir se ferme avec un tampon.

i, Tuyau garni d'un robinet, par lequel la matière échauffée dans le tonneau *g* est conduite dans la chaudière.

k, Cuve du serpentin réfrigérant.

TABLE DES CHAPITRES.

FIN DE LA TABLE DES CHAPITRES.

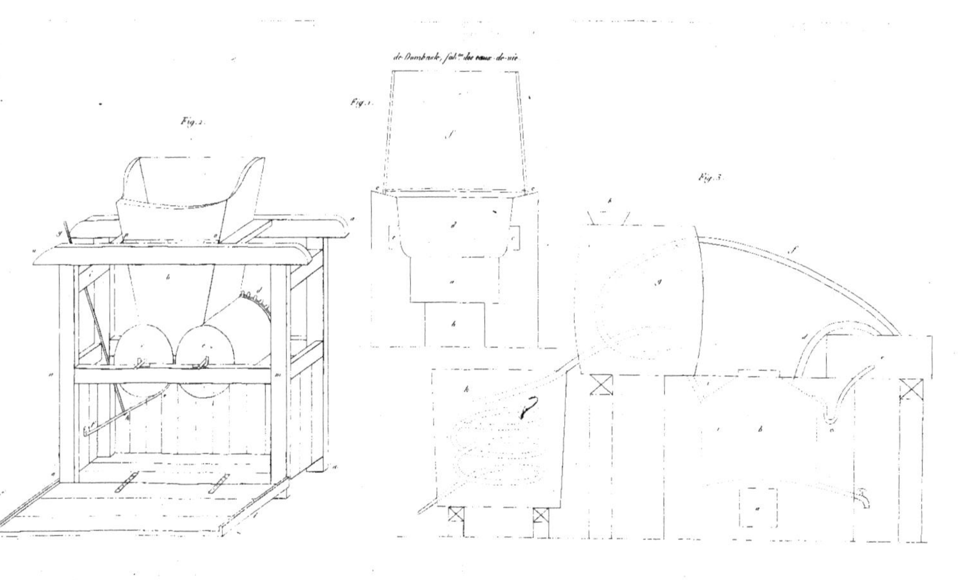
de Dambrack, fab.t des eaux-de-vie
Fig. 1.
Fig. 2.
Fig. 3.

www.ingramcontent.com/pod-product-compliance
Ingram Content Group UK Ltd.
Pitfield, Milton Keynes, MK11 3LW, UK
UKHW021221230726
13926UKWH00003B/1168